Université de France. -- Académie de Nancy

FACULTÉ DE DROIT DE NANCY

SÉANCE SOLENNELLE DE RENTRÉE

DU 22 NOVEMBRE 1880

ET

CONSEIL ACADÉMIQUE DE NANCY

Session de Novembre 1880

RAPPORT

DE

M. LEDERLIN

Doyen de la Faculté de Droit de Nancy

SUR LES TRAVAUX DE LA FACULTÉ

PENDANT L'ANNÉE SCOLAIRE 1879-1880

NANCY

IMPRIMERIE ET LITHOGRAPHIE EM. NICOLAS

1881

UNIVERSITÉ DE FRANCE. — ACADÉMIE DE NANCY

FACULTÉ DE DROIT DE NANCY

SÉANCE SOLENNELLE DE RENTRÉE

DU 22 NOVEMBRE 1880

ET

CONSEIL ACADÉMIQUE DE NANCY

Session de Novembre 1880

RAPPORT

DE

M. LEDERLIN

Doyen de la Faculté de Droit de Nancy

SUR LES TRAVAUX DE LA FACULTÉ

PENDANT L'ANNÉE SCOLAIRE 1879-1880

NANCY

IMPRIMERIE ET LITHOGRAPHIE EM. NICOLAS

1881

RAPPORT DE M. LEDERLIN

Doyen de la Faculté de Droit

SUR LES TRAVAUX DE LA FACULTÉ

PENDANT L'ANNÉE SCOLAIRE 1879-1880

MONSIEUR LE RECTEUR,

MESSIEURS,

L'année scolaire qui vient de s'écouler offre, au point de vue
des inscriptions, des examens et des concours, des résultats
assez semblables à ceux des années précédentes. Mais elle a
été marquée, pour le personnel de la Faculté, par une séparation qui, bien que prévue, n'en a pas moins causé à chacun de
nous de vifs et profonds regrets. L'éminent Doyen, qui avait
présidé à l'organisation de la Faculté et dirigé ses travaux pendant une période de plus de quinze années, nous a quittés, pour
occuper à Paris une chaire nouvellement créée de *Droit constitutionnel* (1). Pendant ces quinze années, il avait donné à la
Faculté tout ce qu'il avait d'activité, d'intelligence, d'expérience, de dévouement; animé d'une foi profonde dans son
œuvre, aidé de collaborateurs pleins de zèle comme lui pour

(1 Un décret du 31 décembre 1879, a créé une chaire de Droit constitutionnel à la Faculté de Droit de Paris, et nommé titulaire de cette chaire
M. JALABERT, Doyen de la Faculté de Droit de Nancy.

leurs communs devoirs, il l'avait amenée bientôt au plus
haut degré de prospérité. Il avait voulu que tous les Membres
de la Faculté formassent une famille étroitement unie ; sa cha-
leureuse confraternité, la sûreté de ses relations, la sagesse
de ses avis, sa persévérante énergie à poursuivre la réalisation
de tout ce qui lui semblait juste et bon, en avaient fait de lui
le chef aimé et vénéré. Nous n'aurions pu nous faire à la pensée
d'une séparation sans réserves : déférant à un vœu, dont le
premier acte de son successeur, d'accord avec le sentiment
unanime de ses collègues, devait être de provoquer l'expres-
sion (1), et qui a obtenu de la part du digne chef de notre
Académie l'appui le plus empressé, Monsieur le Ministre de
l'Instruction publique a bien voulu permettre que M. JALABERT
restât nôtre, en le nommant notre Doyen honoraire (2).

Appelé à l'honneur de succéder à M. Jalabert (3), je n'ai
pu me dissimuler un instant la gravité de la tâche, rendue
plus difficile encore par le souvenir des services de mon pré-
décesseur. Je me suis appliqué surtout à suivre les exemples
qu'il m'a laissés, et à maintenir les heureuses traditions qu'il
a établies, en comptant en toutes circonstances sur le concours sympathique de chacun de mes collègues. Leur cour-
toise confraternité a voulu, lorsqu'ils m'accueillaient naguère
dans leurs rangs, me considérer comme le plus ancien d'entre
eux, et m'a préparé ainsi le meilleur de mes titres à l'honneur
qui m'était réservé ; leur concours empressé, leur dévouement
à notre œuvre commune ne cesseront de me soutenir dans
l'accomplissement de ma tâche. Si la place que M. Jalabert oc-

(1) Délibération de la Faculté du 16 janvier 1880, émettant le vœu que
Monsieur le Ministre de l'Instruction publique veuille bien conférer à M. JA-
LABERT, le titre de Doyen honoraire.

(2) Arrêté du 28 janvier 1880, portant que M. JALABERT, professeur à la
Faculté de Droit de Paris, ancien Doyen de la Faculté de Droit de Nancy,
est nommé Doyen honoraire de cette dernière Faculté.

(3) Arrêté du 10 janvier 1880, nommant M. LEDERLIN, pour trois ans,
Doyen de la Faculté de Droit de Nancy.

cupait au milieu de nous n'est point de celles qu'aucun autre puisse prétendre à remplir, du moins ne négligerai-je aucun effort pour répondre dignement à la bienveillante présentation dont j'ai été l'objet de la part de M. le Recteur, et pour justifier la haute distinction dont Monsieur le Ministre m'a honoré, en me confiant les sérieuses et délicates fonctions du décanat.

L'important enseignement du *Code civil*, laissé vacant par le départ de M. JALABERT, revenait naturellement au plus ancien de nos agrégés, M. PAUL LOMBARD. Il ne pouvait être placé en de meilleures mains. Depuis cinq ans et plus, notre jeune collègue était chargé du cours de Droit criminel ; la sûreté de son érution, tenue sans cesse au courant de tous les progrès de la législation, de la doctrine et de la jurisprudence, éclairée et élargie par l'étude des législations étrangères, la netteté et l'élégante correction de sa parole, le désignaient d'avance pour la première chaire qui viendrait à vaquer dans notre Faculté : la suppléance du cours de Code civil lui avait été confiée dès le départ du titulaire (1) et lui avait fourni l'occasion d'ajouter encore à ses titres antérieurs. Présenté en première ligne par nos suffrages unanimes (2) et par la Section permanente du Conseil supérieur de l'Instruction publique, il a été appelé définitivement à la chaire, avec dispense d'âge (3), par le décret du 3 juillet 1880. Maîtres et élèves ont applaudi d'un commun accord à cette nomination.

En même temps que M. Paul Lombard passait à l'enseignement du Code civil, M. GARDEIL était chargé du cours de *Droit criminel* (4) ; il y a justifié pleinement les espérances que nous

(1) Arrêté du 16 janvier 1880, chargeant M. PAUL LOMBARD du Cours de Code civil.

(2) Délibération de l'Assemblée des Professeurs, du 17 février 1880.

(3) M. PAUL LOMBARD n'a accompli sa trentième année que le 12 octobre 1880.

(4) Arrêté du 16 janvier 1880.

avions fondées sur lui à la suite du brillant concours où il avait conquis le titre d'agrégé, et obtenu d'être attaché à notre Faculté.

Le Cours de *Droit constitutionnel*, que M. Jalabert avait inauguré l'an dernier (1) avec un succès si complet et si légitime, a été confié à M. BLONDEL (2). Notre collègue y a présenté l'histoire et l'analyse des constitutions qui ont régi la France depuis 1789 jusqu'à 1815 ; il continuera cette étude dans l'année qui va s'ouvrir, et exposera ensuite les règles de notre droit public actuel. Son dévouement éclairé et sincère à nos institutions, la maturité de son jugement, la fermeté et la modération de son esprit, nous garantissent qu'il apportera toujours dans ce grave et délicat enseignement l'indépendance et la haute impartialité du savant, en même temps que l'amour et le respect du citoyen pour la loi de son pays.

Un goût passionné pour les recherches d'érudition, un désir ardent de connaître et d'explorer toutes les branches de la science, ont fait souhaiter à M. DUBOIS d'échanger un enseignement complémentaire dans lequel il s'était fait vivement remarquer contre celui de l'*Histoire du Droit romain et du Droit français* (3).

M. BINET lui succède dans le cours de *Droit civil approfondi dans ses rapports avec l'Enregistrement* (4) ; il était désigné tout à la fois par son rang d'ancienneté et par son enseignement principal ; sa profonde connaissance de nos lois civiles, son esprit judicieux et pratique, son exposition élégante et lucide, lui ont conquis dès l'abord les suffrages de tous ses auditeurs.

Enfin, pour compléter notre personnel, et cédant à nos

(1) Le cours de Droit constitutionnel a été créé par arrêté du 19 octobre 1878, et ouvert le 5 mars 1879.

(2) Arrêté du 16 janvier 1880.

(3) Arrêté du 16 janvier 1880, chargeant M. DUBOIS du cours complémentaire d'Histoire du Droit romain et du Droit français.

(4) Arrêté du 16 janvier 1880.

pressantes demandés, l'Administration supérieure a bien voulu nous assurer, à partir du 1er novembre 1880, le concours de M. Beauchet (1) qui, après avoir été un de nos élèves les plus distingués, avait été nommé agrégé en 1879, et attaché à la Faculté de Droit de Dijon. Chargé d'un cours de Droit criminel, il y a renoncé spontanément pour retrouver ici sa famille et ses anciens maîtres. Nous lui réservons l'accueil le plus confraternel, en même temps que nous comptons sur tout son dévouement. Il assistera avec nous aux examens et aux thèses, et suppléera ceux d'entre nous que des raisons de santé pourraient tenir momentanément éloignés de leurs chaires. Deux fois, dans la dernière année scolaire, des empêchements de ce genre sont survenus à deux de nos agrégés chargés de cours ; pour ne pas laisser vaquer leurs enseignements, ils ont dû se suppléer réciproquement, acceptant de leur plein gré, chacun pendant plusieurs semaines, la charge d'un double service : la présence d'un agrégé disponible pour les suppléances accidentelles nous mettra désormais à l'abri d'un pareil inconvénient.

A côté des devoirs professionnels, les travaux littéraires ou scientifiques ont conservé leur place dans les occupations des Membres de la Faculté (2). Plusieurs d'entre eux ont donné à des Revues spéciales des traductions ou des analyses de lois étrangères, des comptes-rendus de la jurisprudence allemande ou italienne, des travaux de bibliographie.

M. Dubois a publié une importante étude sur le Remploi, envisagé au double point de vue du droit civil et de la loi fiscale : il y a développé les règles qu'il avait exposées dans quelques leçons du Cours de Droit civil approfondi dans ses

(1) Arrêté du 21 juillet 1880.

(2) La liste détaillée des publications des Membres de la Faculté est donnée à la suite de ce rapport.

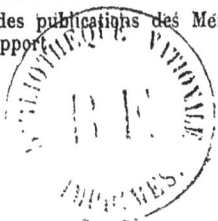

rapports avec l'Enregistrement. La révision entreprise par un philologue allemand, M. Studemund, du texte des Institutes de Gaïus, a fourni à notre savant collègue l'occasion de raviver un débat qu'à tort peut-être on croyait épuisé, sur *l'acquisition* ipso jure *de la possession par l'héritier,* ou la *saisine héréditaire,* en Droit romain ; la solution qu'il annonce peut paraître nouvelle et hardie, dans l'état actuel de la doctrine ; à la suite de longues et patientes recherches, M. Dubois invoque, dans le passé, des autorités respectables, et pense trouver la justification de sa thèse dans un texte nouvellement restitué du grand jurisconsulte romain. Cette étude a fait concevoir à M. Dubois la pensée d'un autre travail plus étendu : la publication d'une édition nouvelle des Institutes de Gaïus, donnant un texte plus rigoureusement conforme au manuscrit que celui des éditions précédentes, et présentant en même temps le tableau le plus complet des travaux critiques dont les Commentaires de Gaïus ont été l'objet depuis la découverte de Niebuhr ; ce livre, qui témoigne d'une vaste et consciencieuse érudition, est appelé à rendre les plus grands services à la science du Droit romain.

Une étude d'un autre genre nous a donné une preuve de plus de l'infatigable activité et de la variété d'aptitudes de M. Dubois. Des *Propositions relatives à l'établissement de statistiques du Droit international* ont été présentées par lui à l'Institut de Droit international, dans sa session de septembre 1879, tenue à Bruxelles. La savante assemblée en a renvoyé l'examen à une commission spéciale, dont l'auteur des *Propositions* est chargé de faire le rapport. Pour en éprouver la valeur au point de vue pratique, M. Dubois a dressé, à l'aide de documents officiels, un *Commencement de statistique judiciaire et administrative,* où il a consigné les faits qui ont pu être constatés pour les années 1877 et 1878 dans le ressort de la Cour d'appel de Nancy, et dans le département de Meurthe-et-Moselle.

Encouragé par le succès de l'édition qu'il a donnée en 1873 des *Répétitions écrites sur le Droit administratif*, de M. L. Cabantous, M. Liégeois en prépare une nouvelle, mise au courant de la législation, de la doctrine et de la jurisprudence , et dont l'impression est aujourd'hui fort avancée (1).

Par les récompenses honorifiques qu'elle nous décerne, l'Administration supérieure nous montre qu'elle n'oublie pas la durée et la valeur de nos services. L'an dernier, M. Liégeois, qui appartient à la Faculté depuis 1866, et M. Binet, qui y est entré en 1873, ont été nommés, l'un Officier de l'Instruction publique, l'autre Officier d'Académie (2).

Le nombre total des jeunes gens qui ont pris des inscriptions ou passé des examens a subi une légère augmentation sur l'année précédente : de 220 il s'est élevé à 225 (3). Dans ce nombre, 173 élèves, comme l'an dernier, appartiennent aux trois départements du ressort académique, savoir 111 au département de Meurthe-et-Moselle, 57 aux Vosges, 25 à la Meuse ; la ville de Nancy y est représentée par 73 étudiants.

(1) Le premier fascicule de cet ouvrage a été publié dans les premiers jours de décembre 1880. Il traite des matières suivantes : *Principes de 1789. — Lois constitutionnelles de 1875. — Agents administratifs. — Conseils généraux. — Conseils municipaux.*

(2) Arrêté du 16 janvier 1880.

(3) Trois de nos étudiants nous ont été enlevés par d'implacables maladies : Georges *Chevalier* et Marcel *Fabricius*. tous deux de première année, ont succombé, à Nancy, l'un le 1er février 1880, l'autre le 5 avril suivant ; Adrien *Denis*, aspirant au Doctorat, est mort le 11 août, à Saint-Clément, dans sa famille, auprès de laquelle il était allé passer ses vacances. Leur perte a été vivement ressentie par leurs professeurs et par leurs condisciples.

Nous avons aussi eu le regret de perdre un excellent serviteur, dont, pendant plus de quinze années consécutives, nous avions pu apprécier les remarquables qualités, l'intelligence, la discrétion, la fidélité, le dévouement. Le Sr *Steib*, Étienne dit Eugène, avait été nommé appariteur le 1er octobre 1864 ; il a occupé cet emploi jusqu'à son décès survenu à Nancy, le 22 février 1880.

15 nous sont venus des départements voisins, des Ardennes,
de la Marne, de la Haute-Marne, de la Haute-Saône ; 14 d'autres parties de la France, 22 d'Alsace-Lorraine, 3 des pays
étrangers.

Il a été pris sur les registres de la Faculté, au total, 587 inscriptions, ce qui nous donne une moyenne de 146 3/4, au lieu
de 144 en 1878-1879 (1). Le détail de ces chiffres accuse une
diminution assez sensible (10 inscriptions trimestrielles) en
3ᵉ année ; elle est compensée et au-delà par l'augmentation qui
s'est produite sur les inscriptions de Doctorat, de Capacité, et
surtout de 1ʳᵉ année ; si nous songeons que la moyenne des
inscriptions de 1ʳᵉ année, qui représente pour nous l'avenir,
s'est élevée de 44 1/2 à 52 1/4, et que, d'un autre côté, la seconde année n'a point subi de diminution, nous sommes auto-
risés à concevoir les meilleures espérances pour l'année qui va
s'ouvrir (2).

Nous n'avons eu, à de rares exceptions près, qu'à nous louer
de l'assiduité des étudiants de capacité, de première et de seconde année ; quatre inscriptions seulement ont été perdues
par ces trois catégories d'élèves. La troisième année ne nous a
pas donné la même satisfaction ; à côté d'une élite, dons nous

(1) Inscriptions.	Novembre 1879.	Janvier 1880.	Avril 1880.	Juillet 1880.	Totaux.	Moyenne par trimestre.
De capacité........	15	13	12	12	52	13 "
De 1ʳᵉ année	61	55	50	43	209	52 1/4
De 2ᵉ année.......	44	35	41	39	159	39 3/4
De 3ᵉ année.......	31	29	29	25	114	28 1/2
De Doctorat	17	15	10	11	53	13 1/4
Totaux...	168	147	142	130	587	146 3/4

Bien qu'il ne comporte que quatre inscriptions trimestrielles, le Doctorat exige en réalité de deux ans et demi à trois ans d'études ; le nombre
des aspirants au Doctorat est donc de deux à trois fois supérieur à celui des
inscriptions trimestrielles ; il a été, en 1879-1880, de 56 aspirants qui ont
pris des inscriptions ou subi des examens.

(2) Le nombre des inscriptions prises en novembre 1880 est de 215 ; il
avait été en 1879, de 168 ; le nombre le plus élevé qui ait été atteint anté-
rieurement a été de 192, en novembre 1869.

nous plaisons à reconnaître l'assiduité exemplaire, quelques élèves n'ont pu, malgré nos avertissements, se décider à suivre les cours; ils ont encouru la perte de sept inscriptions (1).

Cinquante-trois élèves se sont fait inscrire aux conférences facultatives (2); la plupart les ont suivies régulièrement.

Si le nombre des inscriptions a été un peu plus élevé que l'année précédente, celui des examens et des actes publics est resté au-dessous de la moyenne habituelle; il n'a été que de 204 (3), tandis qu'il avait atteint 249 l'année dernière, et 233

(1) Les pertes d'inscriptions se répartissent de la façon suivante :

	1er trimestre.	2e trimestre.	3e trimestre.	4e trimestre.	Total. pour l'année.
Capacité.....	1	"	"	"	1
1re année.....	"	"	1	"	1
2e année......	2	"	"	"	2
3e année......	1	3	3	"	7
	4	3	4	"	11

(2) Nombre des élèves inscrits aux conférences facultatives et rétribués :

1re année..................	12
2e année	17
3e année	6
Doctorat (1er examen)	10
Doctorat (2e examen).......	8
Total.....	53

(3) Nature des examens.

	Nombre des examens.	Admissions.	Ajournements
A. Capacité et Licence.			
Capacité...................	5	3	2
1er examen de Baccalauréat....	41	37	4
2e examen de Baccalauréat ...	43	39	4
1er examen de Licence........	36	26	10
2e examen de Licence	26	25	1
Thèse de Licence.............	28	27	1
Totaux......	179	157	22
B. Doctorat.			
1er examen de Doctorat......	13	10	3
2e examen de Doctorat.......	7	5	2
Thèse de Doctorat..........	5	5	"
Totaux.......	25	20	5
Report des totaux ci-dessus.	179	157	22
Total général......	204	177	27

en moyenne depuis 1874. La cause de cette diminution doit être cherchée surtout dans le nombre relativement considérable des dispenses d'assiduité et des congés motivés par des devoirs professionnels, par d'impérieuses raisons de famille ou de santé, ou par le volontariat d'un an ; la plupart des étudiants qui ont bénéficié de ces mesures d'exception répareront dès la rentrée prochaine le retard subi par leurs examens. Mais, la proportion des admissions a augmenté, sans que nous ayons aucunement abaissé le niveau de nos légitimes exigences : elle a dépassé 86 pour cent (1) ; elle n'avait été en 1878-1879, que de 82 à 83 pour cent (2). Le nombre des boules distribuées aux divers examens (3) accuse aussi, du moins pour les examens de Capacité et de Licence, une proportion plus élevée de boules blanches ou blanches-rouges, une diminution dans le nombre des boules rouges ou rouges-noires. Tandis qu'il n'y a pas de différence notable à signaler pour les épreuves jugées

(1) Exactement 86,764 0/0 d'admissions contre 13,235 0/0 d'ajournements.
(2) Exactement 82,730 0/0 d'admissions, et 17,269 0/0 d'ajournements.
(3) *Capacité et Licence.*

Nature des examens.	Blanches.	Nombre de boules				
		Blanches-rouges.	Rouges.	Rouges-noires.	Noires.	Total.
Capacité....................	3	3	5	6	3	20
1er examen de Baccalauréat.....	42	32	52	26	12	164
2e examen de Baccalauréat.....	26	32	54	8	9	129
1er examen de Licence	8	28	55	35	18	144
2e examen de Licence.........	25	20	43	8	8	104
Thèse de Licence.............	28	22	45	15	14	112
	132	137	254	96	54	673

Proportion pour cent boules

	en 1879-1880		en 1878-1879	
Boules blanches....	132 sur 673 =	19,613 0/0	132 sur 839 =	15,733 0/0
» blanches-rouges.	137 673	20,356	144 839	17,044
» rouges........	254 673	37,741	341 839	40,643
» rouges-noires..	96 673	14,264	152 839	18,116
» noires	54 673	8,023	71 839	8,462
	673	99,997	839	99,998

dignes de la note *très-bien*, les examens *excellents* ou *bons* ont été plus nombreux que l'année précédente, les notes *assez bien* ou *passable* l'ont été moins (1). Nous regrettons toutefois d'avoir eu à prononcer jusqu'à 49 admissions sur 157, soit avec une boule rouge-noire, soit avec deux rouges-noires ou une noire, soit même avec une noire et une rouge-noire, ou trois rouges-noires (2) : le règlement nous en faisait un devoir impérieux. Nous ne cesserons de demander l'abrogation d'une disposition qui nous oblige à recevoir des candidats dont les réponses ont été absolument médiocres dans deux ou trois parties de l'examen, ou même nulles dans une partie et très-médiocres dans une autre. Nous savons que notre sentiment est partagé par la généralité des Facultés de Droit, et peut-être le moment n'est-il pas éloigné où il sera donné satisfaction à notre vœu.

Treize élèves de Licence sur 174 ont obtenu l'unanimité de boules blanches, qui entraîne la mention *éloge*. Ce sont :

Pour le premier examen de Baccalauréat : MM. *Berthold, Fietta, Fourcade, Moty ;*

Pour le second examen de Baccalauréat : MM. *Claude, Gauckler, Gény ;*

Pour le second examen de Licence, MM. *Baradez, Nachbaur ;*

Pour la thèse de Licence : MM. *Baradez, Chesney, Déglin, Tourdes ;* la thèse de ce dernier a été jugée digne du dépôt à la Bibliothèque de la Faculté.

Trente-deux candidats ont été admis avec une majorité de

---

(1) Nous appelons *excellentes* les épreuves à la suite desquelles l'admission a été prononcée à l'unanimité de boules blanches ou avec *éloge ; très-bonnes*, celles pour lesquelles il y a eu majorité de boules blanches ; *bonnes*, celles qui ont eu égalité de blanches et de rouges ; *assez bonnes*, celles qui n'ont réuni qu'une minorité de boules blanches ; *passables*, les épreuves suivies d'admission à toutes boules rouges ; *médiocres* ou *très-médiocres*, celles où l'admission n'a été prononcée qu'avec une noire ou une ou plusieurs rouges-noires. Deux noires entraînent l'ajournement, une rouge-noire équivaut à 1/2 rouge et 1/2 noire, une blanche-rouge à 1/2 blanche et 1/2 rouge.

(2) En 1878-1879, le nombre en a été de 51 sur 180 admissions.

boules blanches (1) ; dix sept à égalité de blanches et de rouges ; trente-deux avec une majorité de boules rouges ; treize à l'unanimité des boules rouges, quarante-sept, avec un nombre de noires variant de une demie à une et demi ; vingt, ayant eu deux noires et plus, ont dû être ajournés.

Les examens de Capacité ont donné lieu à une admission avec majorité de boules blanches, deux avec une ou deux rouges-noires, et deux ajournements (2).

Aux diverses épreuves du Doctorat, nous comptons 20 candidats admis et 5 ajournés (3) ; la proportion des ajournements est restée à peu de chose près la même que l'année précédente ; (25 0/0 au lieu de 23 1/2) ; mais nous avons eu jusqu'à 6 boules rouges-noires sur 127 (4), tandis que nous n'avions donné en 1878-1879, qu'une noire et une rouge-noire sur 177.

(1) Neuf aspirants à la Licence ont obtenu dans l'ensemble de leurs examens la majorité des boules blanches. Sur un total de 19 boules, M. *Déglin* a eu 18 boules blanches ; — M. *Baradez*, 17 ; — M. *Maure*, 15 ; — M. *Chesney*, 14 ; — M. *Nachbaur*, 13 1/2 ; — M. *Maire*, 13 ; — M. *Tourdes*, 12 1/2 ; — M. *Noël*, 12 ; — M. *Thiébaut*, 10 1/2.

(2) En 1878-1879, sur un total de 215 examens, dont 11 de Capacité et 204 de Licence, on compte 10 admissions avec *éloge*, 39 avec majorité de boules blanches, 11 avec égalité de blanches et de rouges, 42 avec minorité de blanches, 27 à toutes boules rouges, 51 avec une minorité de noires, et 35 ajournements.

(3) Voir le détail à la note 5 de la page 11.

(4) *Examens de Doctorat.*

Nature des examens.	Blanches.	Nombre de boules				
		Blanches-rouges.	Rouges.	Rouges-noires.	Noires.	Total.
1er examen de Doctorat........	35	11	17	2	»	65
2e examen de Doctorat........	22	6	3	4	»	35
Thèses de Doctorat..........	23	3	1	»	»	27
	80	20	21	6	»	127

Proportion pour cent boules

	en 1879-1880			en 1878-1879		
Boules blanches	80 sur 127	=	62,99 0/0	96 sur 177	=	54,23 0/0
» blanches-rouges.	20	127	15,74	41	177	23,16
» rouges........	21	127	16,55	58	177	21,46
» rouges-noires...	6	127	4,71	1	177	0,56
» noires	»	»	»	1	177	0,56
	127		99,97	177		99,97

En revanche, nous avons eu la satisfaction de recevoir avec *éloge*, c'est-à-dire à l'unanimité de boules blanches, deux des cinq thèses de Doctorat qui nous ont été présentées, celles de M. *Favre* (Paul) et de M. *Guillemin* (Louis). Sans mériter la même distinction, les trois autres en ont approché à des degrés divers (1).

M. *Favre* nous a offert une étude comparative, fort bien faite, et puisée aux sources, des législations de la France, de l'Angleterre et des Etats-Unis touchant les attributions respectives des deux Chambres en matière de lois de finances ; en ce qui concerne spécialement la France, il a traité une intéressante question soulevée à ce propos dans l'application de nos lois constitutionnelles. Le contrat *litteris* a fait le sujet de sa thèse de Droit romain ; il y a analysé et discuté les divers systèmes proposés, dans les derniers temps surtout, par les jurisconsultes français et étrangers (2).

M. *Guillemin* a étudié en Droit romain la *Querela inofficiosi testamenti*, en Droit français, *les Actions destinées à rétablir l'égalité dans les partages d'ascendants* (art. 1078 et 1079 du Code civil). Dans ses deux dissertations et dans sa soutenance, il a montré des connaissances étendues et solides, un esprit indépendant et bien pondéré, une aptitude marquée pour la discussion des questions juridiques.

Du Nom de famille en Droit romain et en Droit français, tel était le sujet choisi par M. *Marx*. Il a fort bien utilisé les documents nombreux et variés que lui fournissait l'épigraphie romaine, sans négliger pour cela les textes qui ont un caractère plus spécialement juridique. Le Droit français n'offrait à son

(1) M. *Marx* (Armand) a été admis par 5 boules blanches et 1 blanche-rouge ; M. *Barrabino*, par 4 blanches et 2 blanches-rouges ; M. *Ancillon de Jouy*, par 4 blanches et 1 rouge. La thèse de M. de Jouy a été, comme celle de MM. Favre et Guillemin, soutenue sous l'empire du décret du 5 juin 1880, qui a réduit de six à cinq le nombre des examinateurs.

(2) Les sujets des deux thèses de M. *Favre* étaient les suivants : Droit romain *Du contrat litteris*. — Droit constitutionnel comparé : *Les droits respectifs des deux Chambres en matière de lois de finances, étudiés dans les constitutions de l'Angleterre, des Etats-Unis et de la France*.

examen qu'un petit nombre de textes législatifs ; sur les points où la loi est muette, il a dégagé des décisions de la jurisprudence, analysées et coordonnées avec soin, les règles essentielles de la matière.

M. *Barrabino* nous a présenté une bonne dissertation sur la *Restitution de la Dot* en Droit romain. Il a traité dans sa thèse de Droit français, *des Reprises, sous le régime de la communauté légale, en droit civil et en droit fiscal.* Aux connaissances acquises par des études consciencieuses et bien dirigées, il joint une expérience personnelle, due à plusieurs années de pratique notariale et dont il a su tirer le meilleur parti.

Enfin, M. *Ancillon de Jouy* a entrepris de nous parler *De la Propriété littéraire et artistique en Droit romain et de la Propriété artistique en Droit français.* La première partie de son travail ne comportait guère que l'analyse et la réfutation de conjectures plus ingénieuses que fondées. La seconde offrait un terrain plus vaste et peu exploré jusqu'à présent par nos futurs docteurs. M. de Jouy ne s'est pas borné à étudier notre législation et notre jurisprudence actuelles : il a voulu rechercher le fondement philosophique du droit des auteurs et connaitre les règles posées à cet égard par les traités diplomatiques et par les législations étrangères : il s'est tenu aussi au courant des discussions dont le droit des auteurs a fourni le sujet, notamment dans le Congrès international de la propriété artistique, tenu à Paris en 1878, pendant la durée de l'Exposition universelle.

Je n'ai pas à rendre compte des concours ouverts entre nos élèves ; ils font l'objet d'un rapport spécial, confié à M. May, agrégé.

Je borne donc là l'exposé que j'avais à vous faire des travaux de la Faculté. Je ne le terminerai pas toutefois sans vous dire encore notre constant intérêt pour les études et les progrès de nos élèves, notre parfaite communauté de vues et de sentiments, notre entière fidélité aux traditions qui ont fait jusqu'ici notre force et notre honneur.

PUBLICATIONS

DES

MEMBRES DE LA FACULTÉ DE DROIT

pendant l'année scolaire **1879-1880.**

M. Lederlin. — (en collaboration avec M. Fernand Daguin, avocat à la Cour d'Appel de Paris) : *Analyse de la loi prussienne du 31 mars 1879, concernant les dispositions transitoires relatives au Code de procédure civile et au Code d'instruction criminelle pour l'Empire d'Allemagne.* (Annuaire de législation étrangère, publié par la Société de législation comparée, IXᵉ année, 1880, pages 149 et suivantes.

— *Analyse de la loi prussienne du 10 mars 1879, relative à l'exécution de la loi allemande sur les frais de justice, et des tarifs allemands des huissiers, des témoins et des experts.* (Annuaire de législation étrangère, publié par la Société de législation comparée, IXᵉ année, 1880, pages 110 et suiv.)

M. Liégeois : *Répétitions écrites sur le Droit administratif,* contenant l'exposé des principes généraux, leurs motifs, et la solution des questions théoriques, par MM. L. Cabantous, professeur de Droit administratif à la Faculté d'Aix, Doyen de la même Faculté, et J. Liégeois, professeur de Droit administratif à la Faculté de Nancy, vice-Président de l'Académie de Stanislas. — 6ᵉ édition, revue, augmentée et mise au courant de la législation. — Fascicue I. Principes de 1789. — Lois constitutionnelles de 1875. — Agents administratifs. — Conseils généraux. — Conseils municipaux. — Paris, A. Marescq aîné, 1881, in-8°.

M. Dubois : *Les Institutes de Gaïus,* 6ᵉ édition, (1ʳᵉ française, d'après l'apographum de *Studemund,* contenant 1° au texte, la reproduction du manuscrit de Vérone, sans changement ni addition ; dans les notes, les restitutions ou corrections proposées en Allemagne, en France ou ailleurs, suivie d'une *Table des Leçons nouvelles.* Paris, Marescq, 1881, 1 vol. in-18°.

— *La saisine héréditaire en Droit romain.* I. *La saisine et l'usucapion pro herede* (Nouvelle revue historique de Droit français et étranger, IVᵉ année, 1880, pages 101-142, 427-445.)

— *Le Remploi, dans ses rapports avec la transcription et la purge, et avec les droits d'enregistrement et de transcription, sous le régime de la communauté légale pure. Etude de Droit civil et de Droit fiscal.* (Répertoire de l'Enregistrement, de Garnier, nᵒˢ 5441, 5451 et 5463, tome XXVII, 1880, pages 132-148, 193-215, 257-286).

— *Statistique du Droit international* (Mémoires de l'Académie de Stanislas, 1879, CXXXᵉ année, 4ᵉ série, t. XII, pages 332-357). La première partie de ce travail a été publiée aussi dans l'Annuaire de l'Institut de Droit international, années 1879-1880, tome Iᵉʳ, pages 396 à 405, et dans la Revue de Droit international et de Législation comparée, XII° année, 1880, pages 111-118, sous ce titre : *Propositions relatives à l'établissement de statistiques du Droit international* : la publication dans les Mémoires de l'Académie de Stanislas comprend en plus une seconde partie intitulée : *Commencement de statistique judiciaire et administrative pour Nancy et le ressort.*

— *Du droit de transcription sur l'acceptation de remploi.* (Contrôleur de l'Enregistrement, tome LXI, n° de janvier 1880.)

— *Le Droit civil international, par Laurent, professeur à l'Université de Gand. Compte-rendu des tomes I et II.* (La France judiciaire 1880, tome IV, pages 185-187.)

— *Bulletin de la jurisprudence italienne.—Filiation.—Mariage.* (Journal du Droit international privé et de la jurisprudence comparée, tome VII, année 1880, pages 108-125).

— *Bibliographie juridique italienne.* Nouvelle série, n°ˢ 1-463 (Nouvelle Revue historique de Droit français et étranger, IV° année, 1880, pages 67-105 du Bulletin bibliographique).

M. Paul LOMBARD : *Traduction avec notes de la loi allemande du 23 juillet 1879, modifiant la loi sur l'organisation de l'industrie (Gewerbe-Ordnung) pour l'Empire d'Allemagne.* (Annuaire de Législation étrangères publié par la Société de Législation comparée, IX° année, 1880, pages 97 et suiv.).

— *Bulletin de la jurisprudence allemande.* (Journal du droit international privé et de jurisprudence comparée, t. VII, année 1880, pages 197-215).

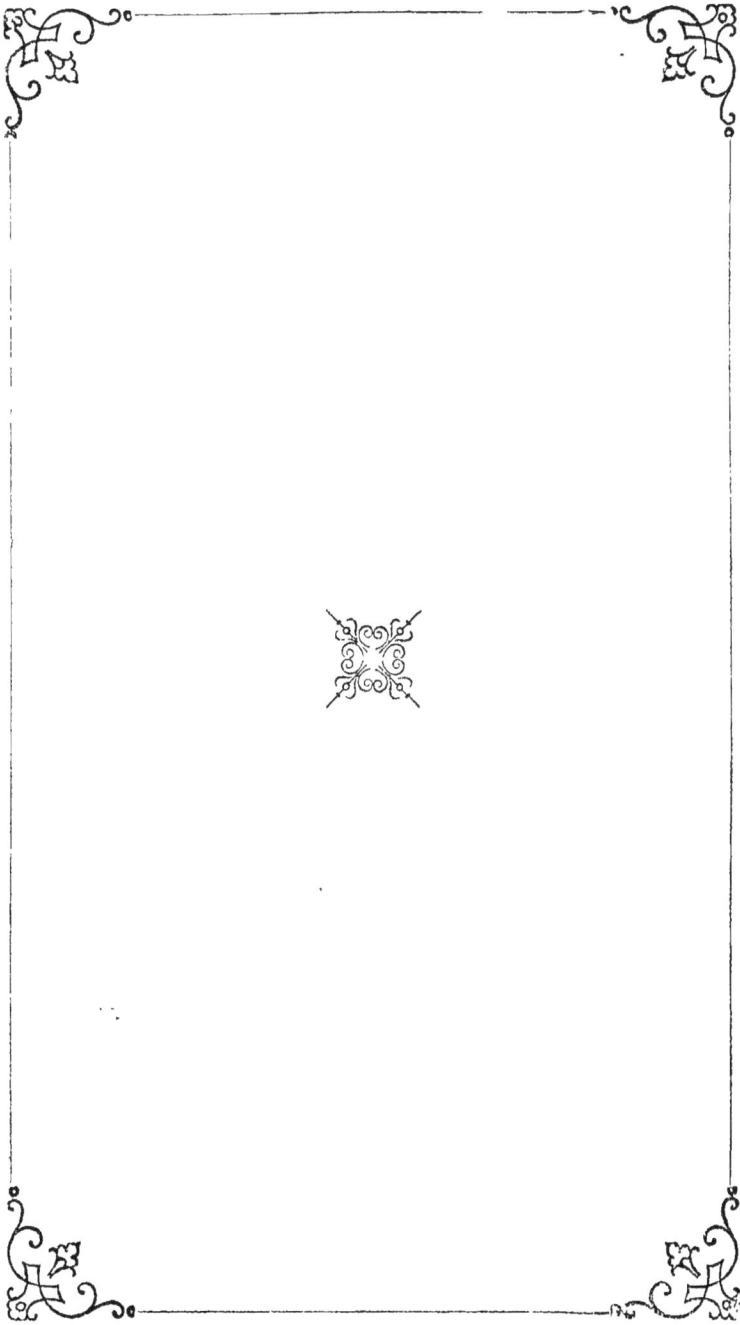

www.ingramcontent.com/pod-product-compliance
Lightning Source LLC
Chambersburg PA
CBHW050501210326

41520CB00019B/6308